AF586698

MINISTÈRE DU COMMERCE ET DE L'INDUSTRIE

TRAVAUX
DE L'OFFICE NATIONAL
des Matières Premières végétales pour la Droguerie
et la Parfumerie

12, Avenue du Maine, PARIS (XVe)

NOTICE N° 22

Avril 1926.

CULTURE

DE LA

MENTHE FRANCO-MITCHAM

PAR

J. RIPERT
DOCTEUR ÈS SCIENCES

Prix : 10 francs.

L. MARETHEUX, IMPRIMEUR
PARIS, 1, RUE CASSETTE

MINISTÈRE DU COMMERCE ET DE L'INDUSTRIE

OFFICE NATIONAL

DES

MATIÈRES PREMIÈRES VÉGÉTALES

POUR LA DROGUERIE, LA PHARMACIE, LA DISTILLERIE
ET LA PARFUMERIE

12, Avenue du Maine, PARIS (XVe)

Fondé en 1919. — Organe d'exécution du Comité Interministériel des Plantes médicinales et à Essences.

Président d'Honneur . . . M. Clémentel, Sénateur, ancien Ministre des Finances.

DIRECTION :

Directeur . . . . M. le Professeur Em. Perrot.
Secrétaire général. . . . . M. Blaque (G.), Docteur en Pharmacie, Licencié ès sciences.

CONSEIL D'ADMINISTRATION :

Président . . . . M. Darrasse (Léon).
Vice-Présidents . . . . . . MM. Bienaimé, Buchet, De Poumeyrol.
Secrétaire . . . . M. Elbel.
Trésorier. . . . . M. Pelliot.

Membres : MM. Bailly, Baube, Boinot, Boulanger, Charabot, Chevalier, Dechaud, Faure, Guigue, Leprince, Prevet, Regnault, De Ricqlès, Ripert, Roché, Roques, Salmon, Sanson, Sossler.

Liste des Souscripteurs à l'Office des Matières Premières

POUR LA PÉRIODE 1924-1929

A. — MEMBRES FONDATEURS

Souscription annuelle de 1.000 a 5.000 francs.

Astier : 45, rue du Docteur-Blanche, Paris.
A. Bailly : 15, rue de Rome, Paris.
Beytout et Cisterne : 12, boulevard Saint-Martin, Paris.
Bienaimé [Maison Houbigant] : 19, r. du Faubourg-Saint-Honoré, Paris.
Bing fils : 43, rue de Paradis, Paris.
Boulanger-Dausse : 4, rue Aubriot, Paris.
Briens : 11, rue Président-Carnot, Lyon.
C. Buchet et Cie : 21, rue des Nonnains-d'Hyères, Paris.
A. Buisson : 157, rue de Sèvres, Paris.
Etablissements Byla : 26, avenue de l'Observatoire, Paris.
Société Cadum : 5, boulevard de la Mission-Marchand, Courbevoie.
H. Canonne : 49, rue Réaumur, Paris.
A. Caubet et fils : 9, rue Junot, Marseille.
Chambre syndicale des Produits pharmac. : 24, rue d'Aumale, Paris.
Charabot et Cie : à Grasse.
Etablissements Chatelain : 107, bd de la Mission-Marchand, Courbevoie.
Etablissements Chiris : 51, avenue Victor-Emmanuel-III, Paris.
Comar et Cie : 20, rue des Fossés-Saint-Jacques, Paris.
Compagnie Fermière de Vichy : 24, boulevard des Capucines, Paris.
Compagnie générale d'Outre-Mer : 83, rue de la Victoire, Paris.
Coopération pharmaceutique française : 66, rue Dajot, Melun.
Dardanne : 12, rue de la Tour-des-Dames, Paris.
Etablissements Darrasse frères : 13, rue Pavée, Paris.
C. David Rabot : 49, rue de Bitche, Courbevoie.
Dechaud : 2, cité Bergère, Paris.
Etablissements P.-J. Delannoy : 44, rue Vieille-du-Temple, Paris.
Dumontier et Cousin : à La Membrolle-sur-Choisille (Indre-et-Loire).
Etablissements Esmenard : 11, rue Ferdinand-Duval, Paris.
Famel : 20, rue des Orteaux, Paris.
Fourton et Patriarche : 38, rue Neuve, Clermont-Ferrand.
Freyssinge : 6, rue Abel, Paris.
Dr Fumouze : 78, boulevard Saint-Denis, Paris.
Etablissements Garbit : 150, rue Saint-Pierre, Marseille.
Grémy : 14, rue de Clichy, Paris.
Heudebert et Cie : 85, rue Saint-Germain, Nanterre (Seine).
Hoffmann, La Roche et Cie : 21, place des Vosges, Paris.
Institut des Recherches agronomiques, 42 *bis*, rue de Bourgogne, Paris.
Jaume et Cie : 13, quai de l'Ile-Gloriette, Nantes.
Jourdan frères : 40, rue Tronchet, Lyon.
Laboratoire Noguès : 11, rue Joseph-Bara, Paris.
Laboratoire Robin (R. Gauvin), 13, rue de Poissy, Paris.
Lautier fils : à Grasse (Alpes-Maritimes).
Leprince : 62, rue de la Tour, Paris.
Etablissements H. Pelliot : 24, place des Vosges, Paris.
Pluchon : 36, rue Claude-Lorrain, Paris.
Pointet et Girard : 30, rue des Francs-Bourgeois, Paris.
Etablissements Poulenc frères : 86, rue Vieille-du-Temple, Paris.
Etablissements De Poumeyrol : 157, Grande-Rue-Saint-Clair, Lyon.
Prevet : 48, rue des Petites-Ecuries, Paris.
G. Prunier et Cie [Maison Chassaing] : 6, rue de la Tacherie, Paris.
H. Regnault : 38 *bis*, avenue de la République, Paris.
Richelet : 6, rue de Belfort, Bayonne.
De Ricqlès : 101, boulevard Victor-Hugo, Saint-Ouen (Seine).
H. Rogier : 19, avenue de Villiers, Paris.

F. Roques : 36, rue Sainte-Croix-de-la-Bretonnerie, Paris.
Roure-Bertrand : à Grasse.
Etabl. H. Salle [Laurent, Guigue et Cie, successrs] : 4, rue Elzévir, Paris.
Salmon : 66, rue Dajot, Melun.
A. Sicre : 216, rue de Vanves, Paris.
Etablissements Silbert et Ripert : 30, rue Bénédit, Marseille.
Société du traitement des quinquinas : 13, rue Malher, Paris.
Société générale de la Droguerie française : 7, rue Jules-César, Paris.
Etablissements Sossler et Dorat : 35, rue des Blancs-Manteaux, Paris.
Syndicat de la Droguerie et des Commerces annexes : 12, rue Cannebière, Marseille.
Syndicat de la Parfumerie française : 348, rue Saint-Honoré, Paris.
Syndicat des Pharmacies commerciales : 17, rue de Madrid, Paris.
A. Taillandier : 1, route de Sannois, Argenteuil (Seine-et-Oise).
Thiriet et Cie : 28, rue des Ponts, à Nancy.
Union des Industries chimiques : 4, rue de Rome, Paris.
E. Vaillant et Cie : 19, rue Jacob, Paris.
Vernin : 1, rue Dajot, Melun.

B. — MEMBRES ADHÉRENTS

COTISATION AU-DESSOUS DE 1.000 FRANCS (MINIMA : 250 FRANCS).

Adrian et Cie : 9, rue de la Perle, Paris.
Assoc. amicale des Etudiants en pharmacie : 85, bd Saint-Michel, Paris.
Association générale des Herboristes de France : 26, rue des Francs-Bourgeois, Paris.
Assoc. gén. des Syndicats pharmaceut. de France : 13, r. Ballu, Paris.
E. Baube : 19, rue Sainte-Croix-de-la-Bretonnerie, Paris.
Berthe : 71, rue Saint-Antoine, Paris.
Bossot : 18, rue Paul-Chenavard, Lyon.
Laboratoire Bottu : 35, rue Pergolèse, Paris.
Brocadet : 89, rue du Commerce, Paris.
Carron : 40, rue Milton, Paris.
Carteret : 15, rue d'Argenteuil, Paris.
Cecille : carrefour Rameau, Angers.
Chambre syndicale des Pharmaciens de Lyon et du Rhône : 7, rue Fromagerie, Lyon.
Chambre synd. des Pharm. de la Seine : 5, r. des Gds-Augustins, Paris.
A. Cherblanc fils [Lab. St-Laurent] : à Ste-Foy-l'Argentière (Rhône).
Cointreau : 63, rue Lafontaine, Angers.
Collemarre : 14, rue Parrot, Paris.
Commissariat de la République au Cameroun (A. E. F.).
Condou, Lefort et Cie [Laboratoire Trouette-Perret] : 15, rue des Immeubles-Industriels, Paris.
Cusenier : 226, boulevard Voltaire, Paris.
Delamare, ses fils et Cie : à Romilly-sur-Andelle (Eure).
Delpech (Henri) [Produits Catillon] : 3, boulevard Saint-Martin, Paris.
Drog. cent. du Sud-Ouest [Maison Thomas et Trenty] : à Agen (L.-et-G.).
Dumesnil : 10, rue du Plâtre, Paris.
Durban : 35, rue des Francs-Bourgeois, Paris.
Ch. Durel, Jay et Naacke : 12, boulevard Lachèze, Montbrison (Loire).
Fabriques De Laire : 123, quai d'Issy, à Issy-les-Moulineaux (Seine).
Fabrique de Produits chim. « Billault » : 22, r. de la Sorbonne, Paris.
Fédérat. des Synd. pharm. de Normandie : 13, r. de Fécamp, Le Havre.
Fédération Nationale des Herboristes de France et des Colonies : 28, rue Greneta, Paris.
R. Feignoux : 29, rue des Jardins, Montreuil (Seine).
Fermé : 55, boulevard de Strasbourg, Paris.
H. Ferré et Cie : 6, rue Dombasle, Paris.
Fougerat : 44, rue Chaptal, Levallois-Perret.

Voir suite à la fin du mémoire.

PRÉFACE

Dès la fondation de l'*Office national des Matières premières végétales pour la Droguerie et la Parfumerie*, nous nous sommes préoccupés de la question des Menthes, plantes largement utilisées, soit directement, soit après distillation, par de nombreuses industries.

Les Menthes indigènes sont abondantes et les espèces s'hybrident si aisément que leur classification botanique est des plus difficiles. Toutefois, le commerce de la plante et celui de son huile essentielle emploient un nombre d'espèces ou de variétés assez réduites : *Mentha piperita*, *Mentha viridis*, *Mentha arvensis*, *Mentha Pulegium*, etc., et seulement pour l'herboristerie la France achète chaque année à l'étranger de très grosses quantités de Menthe (près de 45 tonnes en 1923). Quant aux essences introduites d'Angleterre, d'Amérique, du Japon, de l'Italie, etc..., la quantité importée, qui est considérable, n'est pas connue.

Il était donc intéressant d'étudier avec méthode cette question afin de rechercher quelles étaient les espèces ou variétés à introduire en France pour nous soustraire aux marchés étrangers.

Une enquête générale fut décidée. Le Secrétaire général de l'Office, M. Blaque, se rendit lui-même en Italie dans la zone de culture piémontaise, qui fournit l'essence dite « Italo Mitcham » et une mission fut confiée à M. Daniel, professeur de botanique agricole à la Faculté des Sciences de Rennes, pour aller en Angleterre, étudier sur place, les Menthes type *Mitcham* dont l'essence est la plus estimée sur le marché et atteint les plus hauts prix.

Dans une lettre du 24 décembre 1919, je signalais à M. Daniel l'intérêt qui s'attachait à cette étude et lui demandais de charger un de ses élèves de faire toutes recherches utiles sous sa direction.

Quelques jours après, le 27 décembre de cette même année, M. Daniel acceptait de prendre lui-même en mains la question et se proposait d'effectuer en Angleterre une mission à cet effet. Le Conseil d'administration de l'*Office* prit alors à sa charge les frais de voyage de M. Daniel et de son préparateur M. Ripert, auteur de cette Notice, qui devait l'accompagner.

A plusieurs reprises, depuis vingt ans, la race de Menthe de Mitcham avait été l'objet d'essais de culture en France, comme en Italie, mais on n'était pas fixé sur les conditions de terrain, d'exposition, et de climat, faisant varier la composition de l'essence; de plus on prétendait, sans preuves scientifiques, que cette race dégénérait dans notre pays.

Il y avait donc un double intérêt scientifique et économique à élucider ces divers points.

MM. Daniel et Ripert ayant pu se procurer, dans les cultures de Mitcham, deux pieds authentiques de Black-mint, ceux-ci furent bouturés et multipliés intensivement par M. Daniel, qui dans ces circonstances a toujours été pécuniairement aidé par l'Office, pour les frais de culture, location, amélioration du terrain, recherches de laboratoires et achat d'appareil à distiller, etc.

D'un autre côté, un de nos correspondants, M. Prioris, a envoyé à l'*Office national des Matières premières*, par avion, une vingtaine de pieds d'origine également certaine, qui ont été multipliés au jardin de la Faculté de Pharmacie de Paris, et distribués pour la culture en différentes stations.

C'est ainsi qu'au 15 mars 1926, l'*Office* avait pu répartir à travers la France dans des stations très différentes au point de vue de la constitution du sol, de la latitude et de l'altitude, près de *800.000 pieds*, qui, multipliés à leur tour sur une échelle considérable par leurs destinataires, couvrent au total près de *200 hectares*. Réparties en une vingtaine de stations, les cultures les plus importantes sont actuellement celles :

De M. de Ricqlès, à Ribécourt (Oise).

De M. Bardebienne, à Vannes (Morbihan).

De M. Peyronnet, à Riom (Puy-de-Dôme).

De MM. Durel, Jay et Naacke, à Montbrison (Loire).

De M. Chiris, à Grasse (Alpes-Maritimes).

Une Société entreprit également en grand la culture et opéra la distillation sur place, à Saint-Sulpice-sur-Lèze (Coopérative Franco-Mitcham) et cette firme fit appel aux connaissances de M. Ripert.

Or, il importait d'expertiser les essences ainsi produites par cette même lignée de plantes, qui semblent définitivement être bien des *hybrides*, dont les parents sont inconnus. Cette Menthe a gardé ses caractères botaniques et si les essences obtenues diffèrent sensiblement parfois, il faut en déduire, que seules, les conditions extérieures entrent en jeu.

M. Ripert a bien voulu accepter de distiller et rectifier lui-même des lots de diverses provenances géographiques, que nous lui avons fait adresser, de telle sorte que l'étude que je suis particulièrement heureux de présenter aux lecteurs et aux consommateurs est d'un intérêt réel, qui ne saurait échapper à leur sagacité.

Le problème s'éclaire enfin d'un jour nouveau et si la Menthe poivrée Mitcham n'a pas la prétention de se substituer entièrement à quelques autres races déjà connues en France, il n'en est pas moins vrai que notre industrie va se trouver en excellente posture pour fournir, au marché mondial, une drogue de première valeur et des essences supérieures de grande finesse, parmi lesquelles le choix du consommateur sera des plus aisés; il trouvera ainsi à se ravitailler sûrement d'essence du type qui conviendra le mieux à son désir et c'est, somme toute, un des buts les plus importants à atteindre pour l'*Office national des Matières premières.*

Prof[r] Émile PERROT,

Président du Comité Interministériel
des Plantes médicinales et Plantes à essences.

CULTURE

DE LA

MENTHE FRANCO-MITCHAM

PREMIÈRE PARTIE

I. — CONSIDÉRATIONS GÉNÉRALES SUR LES BESOINS DES CONSOMMATEURS

Avant d'entrer dans le détail des opérations nécessitées par la culture de la menthe, quelques mots sont nécessaires pour préciser ce que nous entendons par menthe et montrer comment la variété à choisir et son mode de culture sont dictés par les besoins du consommateur ou de l'acheteur, qui désire la menthe en bouquets ou mondée, ou l'huile de menthe pour parfumerie, confiserie, droguerie, etc..., ou encore pour l'extraction du menthol.

Les différentes notices publiées par *l'Office national des Matières premières pour la Droguerie et la Parfumerie* [1] ont déjà mis en lumière la question du choix de la variété pour l'obtention d'une essence à arome « Mitcham », mais n'ont pas assez fait ressortir les besoins du droguiste, qui achètera en bouquets n'importe quelle menthe poivrée ou verte, sans se soucier de l'origine botanique, ni de l'arome.

De même, le courtier en essence offrira dans les circonstances actuelles un prix trop élevé pour une huile brute d'un arome quelconque provenant d'une menthe de pays même sauvage, alors que l'essence bien rectifiée au type pur Mitcham émanant de cultures soigneusement sélectionnées ne sera pas payée sa valeur exacte. Ce

1. I. — *Les Menthes cultivées.* Notice nº 11 ; II. — *Sur la culture, en France, du Black-mint de Mitcham.* Notice nº 17; III. — *Compte rendu du quatrième Congrès national de la Culture des Plantes médicinales.*

n'est donc pas seulement une menthe Mitcham qu'il faudra conseiller au paysan qui destinera sa marchandise à la droguerie, et surtout s'il vend la menthe sèche en vrac. Le choix de la variété à cultiver sera fait suivant le rendement en matières vertes par rapport aux surfaces plantées, la hauteur de la tige, la quantité de feuilles de celle-ci, la résistance à la sécheresse.

D'autre part, le marché français des essences de menthe entre dans une phase décisive pour son avenir. Des questions de change et autres réduisent et prohibent même dans certains cas les achats à l'étranger, l'acheteur en gros n'insite plus autant sur la qualité et l'analyse chimique, mais désire surtout une grosse production. La conclusion actuelle et brutale est de cultiver rapidement et d'une manière extensive toutes les variétés intéressantes que nous possédons pour nous permettre de prendre place sur le marché, quitte plus tard, notre position bien établie, à rechercher plus de finesse dans l'arome par des sélections soignées de nos cultures. (Il ne faut pas ignorer non plus que les puissants moyens de rectification que nous possédons permettent d'obvier aux défaillances que peut présenter l'essence obtenue dans nos cultures hâtivement organisées.)

Cet état de crise est-il passager, nous ne croyons pas; les gros pays producteurs d'essence fine, comme l'Amérique, qui exportait dans le monde entier, voit par suite de l'application des lois de prohibition sur les produits alcooliques augmenter sa consommation en essence de menthe servant de base aux boissons aromatisées. Sous peu, elle l'absorbera toute, et déjà fait appel aux firmes japonaises et européennes. La production anglaise n'a pas augmenté et les prix sont inabordables; l'acheteur s'est tourné vers l'Italie, qui intensifie ses cultures et distille une huile de fort bonne qualité ; mais ici également, le change est élevé, la production italienne est très disputée par l'Allemagne et autres pays. Alors, l'acheteur français pour la première fois a examiné avec anxiété la production de son propre pays, ridicule à côté de sa consommation. Il a donné, pendant la dernière campagne culturale, de sérieux encouragements aux cultivateurs et distillateurs ; il continuera, si la production correspond à ses demandes. D'autre part, si une quantité intéressante d'huile française était produite, le Gouvernement prendrait certainement des mesures protectionnistes, taxant de droits de douanes élevés (comme le sont les nôtres à l'extérieur) les menthes étrangères. Ces quelques mots nous ont semblé nécessaires pour bien montrer que la culture de la menthe est quelque chose d'important, qui se traduit par un départ de 15 millions de francs à l'étranger, et que d'autre part, le cultivateur français peut entreprendre cette culture en toute confiance sans crainte de manquer un jour de débouché.

*
* *

Les droguistes ou herboristes acheteurs de cette production désirent qu'il leur soit livré une menthe poivrée parfaitement séchée, qui ne puisse reprendre une certaine humidité et fermenter après un stage plus ou moins long dans leur entrepôt. Cette menthe, pourtant, ne sera pas trop sèche, de façon à ne point être brisante et perdre toutes ses feuilles dans les opérations de manutention. Le bouquet bien conditionné ne sera pas trop gros, cinq ou six cents grammes environ ; il devra présenter le maximum de feuilles sur ses tiges. Ces conditions assez simples, semble-t-il, sont très délicates à réaliser pour une grosse production. Nous savons, et nous le verrons par la suite, que parmi les menthes poivrées, il existe de nombreuses variétés blanches ou noires ; l'on devra donc choisir parmi celles-ci celle qui donnera une tige ni trop grosse, ni trop haute, avec le plus grand nombre de feuilles possible. Le type parfait serait une menthe qui n'aurait pas une forte tige centrale, mais d'abondantes ramifications.

Nous avons remarqué qu'en général parmi les menthes poivrées, celles dites *de pays* depuis longtemps adaptées dans leur habitat présentent ces diverses qualités, leur arome est suffisant et elles fournissent des infusions, inhalations et des poudres appréciées. La menthe *Mitcham*, cultivée à côté de celle-ci, demandera les premières années plus de soins et une technique d'engrais plus délicate et suivant le climat quelques arrosages pour obtenir le même résultat.

Cette culture, en vue de la production de menthe sèche, est-elle rémunératrice? Oui, certes; mais combien plus délicate en tant que séchage, coût de la mise en bouquets et confection des balles pressées que la vente en vert à la distillerie. Nous ne voudrions pas trop nous étendre sur ces différentes opérations ; mais pour éviter quelques déboires aux débutants, nous leur dirons que le séchage est une opération fort éloignée, quoique l'on puisse en penser, du fanage des fourrages. Même dans le Midi, où pourtant les journées d'août sont très chaudes, le séchage en plein champ est impossible et ne peut être envisagé pour un emploi courant. Le noircissement de la feuille est à craindre et c'est seulement comme un court début opératoire que le fanage au soleil est possible. Il doit se terminer dans des greniers spécialement aménagés à cet effet ou dans des séchoirs à air chaud. La menthe verte perd assez vite 60 % de son poids ; elle semble sèche, mais les tiges sont encore riches en eau, et la feuille à ce stade reprend rapidement dans l'atmosphère ambiante la vapeur d'eau qui lui permettra de fermenter plus tard après sa mise en balles. Il faut pousser le séchage plus loin et seulement à la perte des trois quarts de son poids, on peut considérer le produit comme inaltérable. Les feuilles brisantes, peu manipulables, demanderont beaucoup de soins à l'emballage et une grande délicatesse pour éviter la perte de trop de feuilles. Pour obvier à cela, on peut laisser la plante légèrement revenir après la sortie du séchoir, la feuille ramollissant très vite.

Il nous est impossible de donner des prix de revient de cette menthe prête à être expédiée; tout dépendra de l'ingéniosité et de l'habileté du paysan. Néanmoins, il peut être sûr qu'aux prix de 8 francs le kilogr. qui s'est pratiqué cette année, la vente de la menthe sera toujours une source de bénéfices intéressants supérieurs à ceux fournis par les cultures ordinaires.

Avant d'aborder le chapitre si complexe à traiter de la culture de la menthe, nous voudrions résumer ici, et réfuter par la suite, les différentes objections qui nous sont faites par les paysans avant d'entreprendre, même sur une petite échelle, la culture de la menthe que dans certains cas ils n'ont pas besoin de sécher, mais simplement de porter aussitôt coupée à la distillerie voisine. Le paysan tient à sa terre et ne veut lui confier que de la bonne semence qui rapporte sans abîmer sa glèbe et se croit obligé de nous dire ceci :

La menthe doit être une culture appauvrissante épuisant le terrain, et va partout, ajoutent-ils, voulant dire que par son mode de multiplication par stolons elle ressemble au chiendent et doit rendre difficile la destruction de la plantation l'année suivante, si l'on veut changer de culture. Ils complètent leur pensée en ajoutant que les sarclages prennent du temps, ce qui doit permettre la pousse de l'herbe mauvaise. Les faits suivants d'ordre purement pratique réfutent suffisamment ces idées trop préconçues.

La menthe reste facilement deux et trois ans sur le même terrain sans apport exagéré ou anormal de matières fertilisantes; de plus, une récolte de 20.000 kg de menthe verte à l'hectare, récolte bien supérieure à la normale, qui peut être considérée de moitié, enlève au sol en moyenne 84 kg d'azote, 37 d'acide phosphorique, 139 de potasse; or, des fumures de 300 kg de nitrate de soude ou de sulfate d'ammoniaque apportent déjà 60 kg d'azote complémentaire, azote qui aurait été consommé par une culture ordinaire, soit en blé, pommes de terre ou maïs.

Pour l'acide phosphorique ou la potasse, il en est de même, et la récolte de menthe est absolument comparable aux récoltes de pays.

D'autre part, il est heureux que la menthe soit une plante envahissante, c'est-à-dire que son mode de drageonnage souterrain et aérien lui permette d'étendre sa végétation dans les régions avoisi-

PL. I.

Menthe poivrée type Mitcham.

Fig. 1, plante en fleurs; — fig. 2, fleur isolée; — fig. 2', coupe en long de la fleur
fig. 3, diagramme de la fleur.

nantes du pied initial; la quantité de menthe obtenue ainsi n'en sera que plus grande, presque proportionnelle au nombre de pieds, mais cela n'a aucune relation avec la vivacité, la pérennité de la plante. En effet, les rhizomes et racines qui sont très robustes en hiver, puisqu'ils résistent aux plus fortes gelées, sont d'une très grande fragilité au printemps, c'est-à-dire au moment de la pousse, et en été.

Un labour ordinaire de 15 à 20 ctm. en août ou septembre les fera mourir rapidement. Il retourne les rhizomes à la surface du sol et leur exposition au soleil, jointe à la mutilation causée par le labour, amène leur dessiccation équivalente à leur mort. Dans la culture suivante, un blé, par exemple, l'on ne trouvera que quelques rares tiges de menthe chlorotiques et chétives ne pouvant se développer vigoureusement à l'ombre des hauts épis de blé les empêchant de prendre une quantité de lumière suffisante pour une pousse normale.

Le sarclage sera bien plus tôt le point délicat de la culture de la menthe; de lui dépendra une bonne production de première année; mais même s'il coûtait cher, ce qui est rare en bonne exploitation, il sera réduit à très peu de chose ou nul en deuxième année, comme nous le verrons par la suite, permettant de récupérer les dépenses de première année.

Ceci dit, quelle sera la variété à conseiller au paysan portant son produit à la distillerie, naturellement celle donnant la meilleure essence avec le meilleur rendement. La variété de *Mitcham*, introduite en France par l'*Office national des Matières premières pour la Droguerie* et dont il tient des plants à la disposition de ceux qui désireraient tenter cette culture, est tout indiquée et a déjà fait ses preuves depuis cinq ans. Mais de prime abord, il ne faut pas rejeter de suite la Menthe « de pays » déjà en culture. Il est avantageux au fur et à mesure des plantations d'introduire ce plant *Franco-Mitcham* qui donne une essence très fine dont l'aromo subsiste, malgré l'apport d'herbes étrangères toujours difficiles à éliminer totalement avant la distillation à moins d'opérer un triage fort onéreux.

II. — CULTURE DE LA MENTHE

Climat. — La question du climat a-t-elle une grosse influence sur la culture de la menthe au point de vue rendement et essence? Nous verrons dans un autre chapitre son retentissement sur l'analyse chimique et l'odeur de l'essence; mais y a-t-il un climat spécial pour la culture de la menthe et comment influence-t-il le rendement? Non, répondrons-nous; en tant que climat, la position géographique du centre de culture n'a aucune importance, seule la question d'eau sous forme de pluie est à considérer dans ses relations avec le climat. La menthe pousse aussi bien dans les pays froids que dans les pays chauds, on la trouve en Angleterre à climat continental et en Algérie, où, depuis des siècles, l'on boit du thé à la menthe. Résistant merveilleusement au froid, elle ne mourra pas en hiver et donnera une grosse production en menthe verte, si la chaleur de l'été est suffisante. Pour la France, nous pouvons affirmer que sous toutes ses latitudes et jusqu'à des altitudes de 300 et 400 m., elle peut être cultivée avec succès à condition que la terre soit de bonne qualité.

La menthe n'est pas, comme beaucoup de paysans sont portés à le croire, une plante aquatique. Ce n'est pas parce qu'ils la voient à l'état sauvage, élire pour habitat de choix le bord des fossés humides, qu'elle ne peut pousser en plein champ. La menthe est uniquement une plante sensible aux variations de l'eau qui circule autour de ses racines au même titre que les autres plantes. C'est son racinage superficiel, son niveau de végétation racinaire ne descendant guère au-dessous de 15 ctm. du niveau du sol, qui la rend sensible à la sécheresse puisqu'elle ne peut descendre puiser dans les couches profondes et humides du sous-sol l'eau indispensable à sa vie, comme le sont d'autres cultures à racines pivotantes. Le problème de l'eau ne se posera avec anxiété en France que dans le Midi, Sud-Ouest et Sud-Est, car ailleurs les précipitations sont largement suffisantes ou même trop abondantes pour son bon développement; un excès d'eau peut nuire en facilitant l'apparition, assez rare d'ailleurs, de maladies cryptogamiques. J'oserai dire que par toute la France, les précipitations annuelles sont bien supérieures dans le plus faible des cas au prélèvement en eau fait par une récolte de menthe, et s'il ne veut pas irriguer, le paysan habile saura par un bon travail de sa terre retenir l'eau des précipitations qui, par capillarité et autres phénomènes, montera même pendant les plus fortes sécheresses de l'été au niveau des racines. Nous devons ajouter ici que jamais, même par les plus fortes sécheresses, nous n'avons vu la menthe mourir; seules les feuilles se rétrécissent, fanent, diminuant leur surface d'évaporation pour redevenir turgescentes et bien vivaces à la première pluie, ou même sous l'influence de la rosée nocturne.

Choix du terrain. — Une idée directive doit présider au choix du terrain et à toute la culture de la menthe : *éviter le plus possible la main-d'œuvre toujours rare et onéreuse surtout au moment des sarclages.* Comment donc éviter le sarclage, c'est-à-dire l'arrachage mécanique ou à la main des mauvaises herbes qui naturellement n'ont pas été amenées par la plantation, mais qui se trouvent dans le terrain auquel les façons aratoires données au soc leur permettront de pousser parallèlement à la menthe. Parmi les terres de qualités diverses ou égales, le facteur essentiel à rechercher est la propreté du terrain. La menthe ne demande pas de terre spéciale, soit très riche en humus ou autres éléments. Les terres de France de moyenne composition qui peuvent porter des récoltes de blé, de maïs, de fourrage, de pommes de terre, de betteraves, etc., supportent aisément la culture de la menthe, il n'y a aucune raison qu'il en soit autrement; par contre, comme pour toute culture, certains sols donneront, à égalité de traitement, de meilleurs résultats. Les terres profondes, argileuses, argilo-calcaires, argilo-siliceuses, bien travaillées donneront entière satisfaction. Il semble que la menthe ait une affinité particulière pour le calcaire, qui est facile à apporter par le chaulage, opération peu coûteuse et longuement efficace. Il faut éviter les terrains humides où l'eau reste en stagnation, mais qui par drainage deviendront excellentes. Nous déconseillons la plantation en terres granuleuses ou siliceuses qui pourraient pendant la période estivale devenir trop ardentes. Les terres caillouteuses, quelquefois excellentes comme fonds, présentent par le grand nombre de cailloux trop de difficultés de plantation, de sarclage et de récolte. L'arrachage trop facile de la plante qui pousse dans très peu de terre arable entre des pierres d'un certain volume diminuera la densité des plants et donnera des mécomptes certains.

L'examen du sous-sol, au point de vue de sa perméabilité, est important; s'il laisse passer trop facilement (gravier) les eaux de pluie; il faudra compenser cela par des irrigations; s'il est trop près du sol et de mauvaise nature ou imperméable, et que la terre ait de grosses difficultés à se ressuyer, le plant pourrira facilement avant sa pousse printanière. En résumé, il faudra des terres saines menant à maturité dans les années moyennes leur récolte ordinaire.

Préparation du terrain. — Tout paysan dira que, quelle que soit l'année, bonne ou mauvaise, la récolte dépendra de la préparation de la terre. La menthe, plus que tout autre plante, est sensible à la texture mécanique du milieu dans lequel elle va évoluer, elle ne poussera pas dans un bloc d'argile qui évoluera au milieu de l'été vers la formation de briques; ni dans une terre très pulvérulente qui laissera circuler trop d'air autour de sa racine et la desséchera. Les façons préparatoires doivent être menées avec beaucoup de soin, dans un triple but, d'ameublissement, de nettoyage de la terre, de préparation à capter au maximum l'eau des précipitations. Ces conditions réalisées se traduiront par l'obtention d'une terre souple, bien émottée, perméable, où la plantation et les sarclages seront rapides et aisés.

Il semble que les premiers labours doivent être faits le plus tôt possible après l'enlèvement de la récolte précédente; ici un mot sur la place de la menthe dans l'assolement. Le cultivateur saura vite trouver la place que doit occuper cette culture dans l'assolement qu'il pratique normalement dans son pays. Il est bien difficile de lui assigner une place fixe au milieu des assolements divers; elle sera indiquée par la propreté du terrain, et en général elle devra suivre la culture de plantes sarclées, comme les pommes de terre, betteraves, haricots, maïs, etc. Il y aura lieu de faire un apport de fumure avant le premier labour si la terre n'a pas été fumée l'année d'avant [1]. Le premier labour se fera autant que possible en septembre avec la charrue Brabant munie de ses rasettes à une profondeur de 25 ctm. en moyenne. Si la menthe devait faire suite à une paille, un déchaumage préalable serait fort utile. Ce labour aura pour but de préparer le sous sol, de l'aérer et d'incorporer la matière organique, fumier, gadoue, guanos, etc. L'époque de la plantation décidera du nombre de façons superficielles à exécuter, deux en général seront suffisantes; mais leur nombre ne nuira jamais. La première façon superficielle devra être exécutée soit avec la charrue de pays ou avec le Brabant de un à deux mois après le labour de septembre, ce laps de temps entre les deux labours ayant permis aux mauvaises herbes de pousser, aux graines de germer, et elles seront ainsi détruites et enfouies.

La troisième façon aura pour but de préparer le terrain à la plantation et consistera en un émottage au rouleau crosskill, soit à la canadienne ou au disque ou encore à la herse.

La terre étant ainsi bien nettoyée, bien émottée, bien souple, l'on pourra procéder à la plantation.

Epoque de la plantation. — Après de nombreuses expériences, il nous semble logique de conseiller, pour différentes raisons, la plantation en février ou mars plutôt qu'en novembre. En effet, la quantité de plants dont disposera le cultivateur sera plus grande en février, car la menthe pendant les mois d'hiver, surtout s'il n'a pas été rigoureux, pourra se multiplier abondamment par rhizomes souterrains. La question de la densité du plant à mettre en terre est importante, nous y reviendrons plus loin; mais il est nécessaire de savoir que plus on en mettra, plus dense sera la plantation sans qu'il y ait de gêne entre des plants très rapprochés. En février ou mars, la terre aura « jeté » une assez grande quantité d'herbe qui, tuée par le travail de la plantation, ne repoussera que tardivement, néanmoins nous devons dire que dans certains cas les plantations de novembre

1. Si la ferme possède une bergerie, il est recommandé de réserver, aux cultures de menthe, le fumier de brebis auquel elle est très sensible.

furent plus vigoureuses que celles du printemps (terres argilo-calcaires).

Amendement et engrais avant la plantation. — Comme nous le disions dans un chapitre précédent, la menthe n'est pas une culture épuisante, les engrais incorporés au sol seront presque les mêmes que ceux de tout autre culture. Les doses de superphosphates, sulfate d'ammoniaque, seront mises au point par le cultivateur lui-même habitué à ses terres et qui connaît les résultats obtenus les années précédentes avec les potasses, sylvinite, cyanamide, etc...; en culture il n'est pas de règle formelle et il n'y a pas d'engrais spécial et électif pour la menthe. Un amendement calcaire nous a toujours donné de bons résultats même dans des terres à teneur moyenne en calcaire, des quantités de 1.500 kg à l'hectare sont suffisantes. En général, c'est un engrais à bon marché dont il faut user autant que possible, il aide la combustion, l'assimilabilité des matières organiques et minérales, et n'appauvrit pas la terre si elle est bien fumée; ces engrais seront enfouis par la troisième façon.

Arrachage du plant. — Pour une grosse plantation, l'arrachage est important, car s'il est bien et rapidement fait, il permet de profiter des rares belles journées de février, quelquefois sans retarder la plantation qui peut être conduite parallèlement à l'arrachage. Il est imprudent de faire des réserves de plant. En tas, en soc, il gèle, ou fermente assez vite. La quantité de plant à mettre à l'hectare est assez forte et varie entre 2.000 et 3.000 kg, ces doses qui peuvent sembler fortes garantissent une bonne récolte et il serait imprudent de s'en écarter. Pour une faible culture, le plant peut être prélevé à la fourche, opération bien difficile dans les terres battues par les pluies hivernales, il peut être encore pratiqué à l'aide d'outils spéciaux genre scarificateurs de prairie, mais le moyen le plus pratique et à la portée de tout paysan est de se servir de la charrue ordinaire dont il aura préalablement enlevé le versoir qui retournerait inutilement la couche de terre de 10 ctm. contenant le plant. Ainsi le soc de la charrue parcourt sous terre une courbe parallèle à la surface du sol, libérant une mince bande de terrain que l'on pourra briser aisément à la fourche extrayant le plant de menthe contenu dans cette écorce. Si la terre est très sale, il est logique de procéder alors à un triage rapide qui éliminera le chiendent et autres mauvaises herbes.

Plantation. — L'on a beaucoup discuté pour savoir quel devait être l'écartement devant exister entre les lignes de plantation, et ceci dans le but de permettre le passage d'outils à traction animale comme sarcleuses ou bineuses. De multiples expériences ont montré qu'il est illogique et onéreux de sarcler à la machine. Un animal ayant besoin d'un espace de 60 ctm. de large au minimum pour circuler sans trop abîmer les jeunes plantes, la zone sans culture, qui ne sera jamais couverte en entier par les tiges adventices de menthe, est un espace mort abaissant le rendement en matières vertes. La dépense occasionnée par le sarclage à main sera largement récupérée par l'augmentation de récolte. Puis le développement de la plante étant d'abord latéral, une sorte de multiplication par rhizomes aériens se produit et c'est seulement quand elle sera solidement racinée qu'elle commencera à monter et l'époque du sarclage efficace sera passée. Si l'on sarcle avant que le plant soit visible dans les rangées, on écrase et mutile trop de jeunes tiges. Nous avons vu quelques rares cas de plantation à 60 ctm. donnant de bons résultats, mais les terres étaient spécialement fertiles et merveilleusement travaillées, néanmoins le sarclage à la main y était également pratiqué. Je préconiserai donc la plantation en ligne rapprochée à environ 30 ctm. avec une grande quantité de plant, de manière à permettre une abondante et rapide pousse de menthe qui, couvrant le sol de bonne heure, empêche les herbes de se développer.

Ce travail sera exécuté à la charrue de pays, un premier sillon sera ouvert comme pour un labour en planche ordinaire, l'on disposera les rhizomes dans cette raie les uns allongés à la suite des autres, se touchant presque. Ce sillon ne devra pas avoir une grande profondeur, car la menthe ne doit être recouverte que de 5 à 6 ctm. de terre. La couverture du plant a une grosse importance, car la menthe trop enterrée sera longue à sortir, ses bourgeons seront chétifs, déficients, pas à même de lutter contre les gelées tardives ou les herbes envahissantes. Le labour servant à l'ouverture de la rigole où est mis le plant se faisant en planches, il est facile de comprendre que la terre écartée en faisant le premier sillon, viendra au prochain tour de charrue ouvrant un sillon adjacent, tomber dans le premier sillon, recouvrant ainsi la menthe. Le laboureur habile pourra faire tomber la quantité de terre désirée avec la pointe du versoir de la charrue. Au cas où la terre serait très pulvérulente, « trop en l'air », comme disent les paysans, un très léger coup de rouleau tasseur serait nécessaire après la plantation.

Si l'on jugeait trop difficile la fermeture de la raie avec la charrue, le personnel qui répand la menthe pourrait avec un instrument quelconque refermer le sillon, mais la charrue bien réglée a toujours donné un excellent résultat.

Certains peut-être sont étonnés de ne nous entendre parler que de plantation à l'aide de racines et non de semailles; la raison en est simple, car la menthe ne fournit pas de graines où s'il y en a, chose assez rare, elles ne germent pas.

Souvent les pluies de février et même de mai auront empêché la plantation de s'effectuer normalement; mais ce n'est pas une raison pour abandonner la culture si l'on n'a pu réaliser ces différents travaux avant cette époque. Nous avons vu des plantations effectuées dans le courant d'avril et même fin avril qui ont donné d'excellents résultats dans quelques cas. Il vaudra toujours mieux attendre le beau temps que travailler hâtivement dans des terres mal ressuyées qui formeront plus tard de grosses mottes impossibles à briser lors du sarclage et permettront en été une grosse évaporation des réserves en eau du sol. Sur ces terres, la sécheresse aura une action néfaste qui pourra même compromettre la récolte.

La plantation terminée par les bords du champ, c'est-à-dire des contournères, il n'y aura plus aucune façon culturale à effectuer, l'on attendra que la menthe naisse normalement; le départ de végétation se fera, en général, à la fin du mois de mars pour les plantations de novembre, et en avril ou mai suivant l'époque de l'ensemencement pour les autres plantations.

Un épandage de nitrate n'est pas à conseiller à cette époque; il aurait l'effet regrettable de faire pousser activement aussi bien les mauvaises herbes que la menthe et dans une terre peu propre, elles prendraient une considérable avance qui étoufferait ou ralentirait la pousse des bourgeons violacés de la menthe. Pour cet épandage d'engrais dont nous parlerons plus loin, il y aura lieu d'attendre le sarclage.

Sarclage. — L'on voit d'après ce que nous avons dit plus haut que les sarclages ne peuvent que difficilement et à grands risques être effectués à la machine, seul le travail à la main est praticable avec profit. Le premier sarclage s'effectuera dès qu'il sera jugé nécessaire, c'est-à-dire aussitôt que l'envahissement par les mauvaises herbes tendra à étouffer la plantation. Il sera nécessaire avant d'envoyer le personnel au champ que la menthe soit bien sortie et que les bourgeons noirâtres avec leurs feuilles violacées soient visibles sans trop grande attention, sans cela ils seraient coupés par l'outil du sarcleur (simple binette) qui travaillant vite ne prendra pas toujours soin des pieds qui s'échappent dans l'interligne. Un sarclage trop hâtif serait à recommencer plus tard, aussi vaut-il mieux ne pas trop se presser et dans une plantation de mars faite sur terre bien propre le sarclage ne s'imposera que longtemps après que la menthe se sera bien développée, soit environ vers fin mai. Il est inutile de donner ici de trop nombreux conseils pour le sarclage; pour ceux qui connaissent le travail de la terre, leur bon sens les guidera suffisamment ainsi que l'habitude de leurs terrains, voulant dire ainsi que le jour choisi pour le sarclage correspondra à une époque de beau temps. Si cette opération était effectuée après une pluie, les tassements dus au piétinement des ouvriers seraient néfastes pour le développement ultérieur, la terre molle comprimée autour des rhizomes leur ferait une gangue permettant mal les échanges nutritifs. De même, s'il pleut sur un sarclage fraîchement exécuté, les herbes coupées de la veille pourront reprendre racine réduisant à peu de chose les effets du sarclage. Ce sarclage, en dehors de son but de nettoyage, a l'avantage, s'il est fait à la houe à bras, de briser la croûtelle de terre qui aurait pu se former par suite du tassage du terrain à la suite des fortes pluies qui auraient succédé à la plantation. Il sera une sorte de binage qui aura les effets bien connus de rompre la capillarité amenant le dessèchement de la terre par la remontée à la surface des eaux du sous-sol, et de créer une petite couche de terre meuble qui absorbera les eaux de précipitation. Ce binage devra être très soigné dans les pays où l'on redouterait la sécheresse estivale. Naturellement au moment de ce sarclage se pose la question des engrais de couverture. Je recommanderai tout spécialement le nitrate de soude qui m'a toujours donné d'excellents résultats, soit comme rendement en matières vertes ou en essence; le sulfate d'ammoniaque par son action plus lente est moins avantageux; des doses de 200 kg à l'hectare enfouies par le sarclage sont largement suffisantes.

Vers la fin de juin ou au début de juillet, un désherbage rapide à la main peut être fait, mais si la plantation est bien réussie, il est réduit à peu de chose et n'aura pour but que de livrer à la distillerie ou de mettre en bouquets une menthe plus pure qui sera naturellement plus appréciée.

Récolte. — L'époque de la récolte sera déterminée par le but, la destination de la plante. La menthe pour bouquets pourra être coupée plus tôt que pour la distillerie. Le moment optimum sera dans ce cas le stade du bourgeon floral avant son épanouissement. A ce moment, la menthe est à son complet développement, elle atteint son maximum de poids qui décroîtra légèrement quand tout le cône floral sera paré de ses fleurettes violettes. Un autre phénomène réduisant le poids de la plante se produit également environ à ce stade en exploitation forte et dense. A la base de la tige, les feuilles s'étiolent, jaunissent et tombent, ceci allant en croissant plus approche l'époque de la maturité complète. Malheureusement pour la menthe destinée à la distillerie, il est nécessaire d'attendre l'éclosion des premières corolles à la base du cône floral ressemblant fort à un petit bonnet à poil. A ce point, la menthe est parvenue à sa période d'état, la teneur en essence est maximum et sa finesse d'autant plus grande que la floraison est plus avancée; elle décroîtra assez rapidement après l'épanouissement complet des fleurs du bourgeon floral.

Pl. II.

Récolte de la Menthe dans les cultures de la Société De Ricqlès, à Ribécourt (S.-et-O.)

Cultures de Menthe de la Société DE RICQLÈS, à Ribécourt. Transport de la récolte.

Pour de petites parcelles, la récolte s'effectuera à la faucille ou à la faux; mais les grandes pièces peuvent être sans aucun inconvénient moissonnées à la faucheuse munie autant que possible de doigts releveurs; la coupe pourra être faite presque aussi bas qu'à la faux, le prix de revient sera bien inférieur.

La menthe fauchée est groupée en petits tas puis rapidement chargée sur les charrettes et conduite à l'usine où les alambics élaborent dans leurs cucurbites la fine essence à l'odeur si fraîche et si pénétrante.

Rendement en matière verte. — Nous examinerons dans un court paragraphe les questions de rendement en matières vertes à l'hectare et la variation de celui-ci avec différents engrais; j'estime

PARCELLES	RENDEMENT en matières vertes à l'hectare en kg	RENDEMENT en essence ‰
Fumier, potasse, sulfate d'ammoniaque, superphosphate.	8.300	2,6
Fumier, potasse, sulfate d'ammoniaque, chaux.	7.900	2,7
Fumier seul.	6.000	2,5
Fumier, potasse, superphosphate	5.500	2,5
Fumier, chaux, superphosphate, sulfate d'ammoniaque.	7.500	2,9

qu'il est difficile de tirer des expériences faites dans un terrain déterminé des conclusions générales d'ordre pratique. En culture tout est une question de milieu et telle dose d'engrais qui fait merveille dans tel sol, dans tel autre donne un résultat dérisoire nullement proportionné à la dépense. L'époque d'application, les pluies ayant précédé ou suivi l'épandage, l'état mécanique de la terre, etc. sont des facteurs infiniment plus puissants que l'action de ces agents chimiques dont nous ne connaissons que peu ou pas le rôle physiologique dans la plante. De même je ne citerai pas à dessein des chiffres indiquant le prix de revient de la menthe, il est trop difficile dans une exploitation agricole de déterminer le coût du fumier, des journées d'attelage et de la main-d'œuvre du personnel de la ferme. Ce que l'on peut seul chiffrer exactement est le prix des sarclages, car il est en général exécuté par du personnel loué à cet effet, mais ici encore l'intelligence du cultivateur, la propreté des terres, la bonne plantation le fera varier à l'infini. Le tableau ci-dessus résume l'expérience d'une année de culture faite sur les terres boulbéneuses du domaine de la Franco-Mitcham. Ces boulbènes sont des terres à élément excessivement fin, genre argilo-siliceux, mais où l'argile domine. Leur travail est rendu très difficile par la finesse de leurs éléments et labourées dans de mauvaises conditions elles peuvent ne donner que de piètres résultats; néanmoins bien prises, comme l'on dit dans ce pays, c'est-à-dire travaillées sans la pluie, elles peuvent mener à bon port de belles récoltes qui supportent toujours mal les grands effets de la sécheresse sur ces terres.

Il fut établi différentes parcelles aussi comparables que possible sur lesquelles la plantation fut faite en novembre par une méthode spéciale, à large écartement. L'état de propreté n'était pas suffisant et un envahissement d'herbes adventices fit craindre un moment que l'on ne fût obligé d'abandonner ces parcelles.

Il ressort nettement de ce tableau une augmentation du rendement en matières vertes et en essence sous l'influence de l'azote et de la chaux. Il ne faut pas de cette expérience tirer de rigoureuses conclusions, car les cultures antérieures et les fumures organiques de ces parcelles n'étaient pas les mêmes; retenons ce seul fait déjà constaté que l'azote et la chaux ont un excellent résultat. Je suis persuadé que les résultats eussent été meilleurs au point de vue rendement en essence et en matière verte si, au lieu de sulfate d'ammoniaque, l'on avait fumé avec du nitrate de soude.

Ces rendements en matières vertes qui sont faibles doivent s'expliquer également par les mauvaises conditions climatériques de l'année 1924-1925; les pluies printanières eurent un effet désastreux sur ces boulbènes et malgré de fréquents sarclages la menthe mal née resta chétive et souffrit de la sécheresse du début de juillet.

Je citerai à titre documentaire les résultats obtenus par certains cultivateurs des environs de Saint-Sulpice-sur-Lèze et Coopérateurs de la Société Franco-Mitcham. M. Labant, à Carbonne, eut un rendement de 15.000 kg à l'hectare dans une terre d'alluvion de la Garonne; M. Theirios, à Lézat (Ariège), 11.600 kg dans l'argilo-calcaire situé en plaine; M. Dehoey, en argilo-calcaire situé en coteau obtint 10.000 kg en plantation d'hiver à large espacement; nous pourrions allonger cette liste; mais ces quelques exemples suffisent pour montrer que la culture de la menthe au prix de 40 francs les 100 kg fut rémunératrice et put apporter au cultivateur avisé un bénéfice qu'il n'aurait acquis avec aucune autre culture courante.

Deuxième coupe. — Il semble que dans les années favorables et dans les pays où le mois d'octobre est doux l'on puisse escompter une deuxième coupe de menthe, elle ne sera pas très abondante ni surtout très riche en essence, elle servira plutôt à la confection des bouquets. Il ne faut pas oublier que cette coupe est sous la dépendance directe des pluies d'août et septembre et que par période de sécheresse, ou sans irrigation le regain sera si faible qu'il n'y aura pas avantage à le couper.

Menthe de deux ans. — La récolte de deuxième année sera toujours la plus productive, et surtout celle qui aura le moins coûté comme main-d'œuvre non pas de plantation, car elle est remplacée par un labour, mais surtout de sarclage qui se résume à un arrachage rapide à la main des grandes herbes qui dominent la menthe si touffue qu'aucun outil ne peut être utilisé. Il semble intéressant si l'on peut disposer d'abondantes quantités de fumier d'en couvrir partiellement les rhizomes au mois d'octobre. Cette légère couche de fumier répandue à temps perdu protégera le plant contre les gelées de l'hiver et sera un apport d'azote supplémentaire pour la menthe et les récoltes suivantes. A la place du fumier de ferme l'on pourra répandre les résidus de distillation au cas où l'on n'utiliserait pas la distillation à la vapeur sèche. La menthe restera ainsi tout l'hiver et multipliera plus ou moins suivant que le permettront le froid et les pluies; en mars, par un labour de 10 à 15 ctm., la plantation sera retournée. Les rhizomes divisés et ainsi répandus partout, la densité de la plantation sera énorme. Un passage de rouleau ou de herse sera utile pour arranger le terrain, briser des mottes mal retournées et surtout aplanir le sol pour permettre une parfaite moisson à la machine. Au réveil de la végétation les bourgeons seront nombreux; les tiges rapprochées, se développant côte à côte, atteindront une jolie hauteur donnant un rendement en matières vertes à l'hectare élevé. Un épandage de nitrate de soude vers la fin du mois de mai ne pourra qu'activer la pousse de la feuille et ainsi, à Saint-Sulpice-sur-Lèze, des menthes de deux ans d'une mauvaise plantation de 1re année, retournée trop tardivement au 15 avril, donnèrent 11.000 kg de menthe verte à l'hectare; le tableau ci-dessous énumère approximativement les opérations effectuées et leur coût :

Labour, cinq journées	150 »
Un roulage, un hersage	30 »
Engrais : 400 kg sulfate d'ammoniaque à 122 francs	488 »
Sarclage	92 »
Récolte à la faucheuse	42 »
Chargement et transport	54 »
Total des frais	856 »
Valeur de la récolte : 11.000 kg à 40 francs les 100 kg.	4.400 »
Bénéfice net d'un hectare	3.544 »

Une autre méthode consiste à laisser la menthe sur place sans la retourner; elle peut avoir ses avantages dans les terres souples qui ne se tassent pas l'hiver, mais le sarclage coûtera un peu plus cher, car les herbes ayant poussé concurremment à la menthe depuis la coupe d'août auront en mars ou avril autant de vigueur que la menthe et leur arrachage dans l'interligne, s'il est conservé, ne pourra se faire qu'à l'aide d'outils à main difficiles à employer sans abîmer les plants adjacents. L'expérience des deux méthodes sera à tenter par le cultivateur; mais il semble que la première soit la meilleure au point de vue rendement en essence; ainsi une menthe de deux ans retournée tenait 31 °/₀₀ alors que la même, laissée sur place, fort belle comme aspect extérieur, ne donne que 1,5 °/₀₀.

Après avoir exposé ces différentes idées quant à la culture de la menthe, suggestions fournies par une expérience de six ans, il nous est permis de tirer quelques conclusions et une marche à suivre générale en vue des résultats à obtenir par la plantation de la menthe en France. Ces résultats ont toujours été et seront toujours intéressants au point de vue pécuniaire pour le cultivateur qui voudra sortir de la routine ordinaire et apporter son intelligence et son expérience à la culture des plantes médicinales.

Nos conclusions se résument ainsi :

1° La menthe ne peut être plantée que dans des terres ne craignant pas la grande sécheresse en été, c'est-à-dire ayant toujours un sous-sol frais;

2° Le choix des terres propres bien travaillées s'impose, et la menthe ne sera pas la culture des terres en friches, ou délaissées.

Ces conditions étant scrupuleusement observées aucun déboire n'est possible et le plus ou moins bon résultat sera placé sous la dépendance des facteurs climatériques absolument au même titre que pour les récoltes de blé, d'avoine, etc.

Maladies de la menthe. — L'agriculteur parcourant ce travail se demandera certainement quels peuvent être les ennemis parasitaires ou cryptogamiques de cette plante qui donne un si joli rapport par une culture si courante. La menthe est une plante privilégiée au point de vue des maladies possibles. Elle a également ses ennemis et peut subir les attaques du basilic, de la rouille, mais cela est chose très rare. Nous n'en avons jamais constaté les effets sur la menthe Franco-Mitcham cultivée en terre saine. La culture en terre humide à eau stagnante est le principal facteur prédisposant la plante à être bonne réceptrice des spores du *Puccinia Menthæ*. Quant au basilic, nous n'avons jamais constaté ses effets. Pour la description de ces maladies et leur traitement nous renvoyons le lecteur aux ouvrages spécialisés (1).

1. Delacroix et Maublanc : *Maladies des plantes cultivées.* Encyclopédie agricole, Paris, librairie J.-B. Baillière et fils.

DEUXIÈME PARTIE

L'ESSENCE FRANCO-MITCHAM

Mode de distillation. Analyse, etc. — Dans une notice de l'*Office national des Matières premières végétales pour la Droguerie*, intitulée : Culture, en France, du Black-mint de Mitcham, nous indiquions avec quelques détails le mode de distillation et le genre d'appareils employés, pour l'extraction de l'essence des menthes, confiées à nos soins par M. le Professeur Perrot. Le mode opératoire fut toujours le même quant aux analyses et la distillation et les résultats exposés dans différents tableaux présentent une qualité dominante : la comparabilité. Les menthes provenant des stations de culture nous furent expédiées sèches et tous les chiffres se reportent donc à l'essence de plantes sèches. La comparaison de l'analyse de l'essence provenant de plantes distillées vertes montre qu'il n'existe en général qu'une légère différence.

Avant d'étudier en détail les résultats que nous avons obtenus par cinq années de culture en France de la menthe de *Mitcham*, pour comprendre le haut intérêt de la grande valeur commerciale de l'essence produite, un rapide examen de ce qui avait été fait avant ne sera pas inutile.

L'Essence française : dite de pays. — L'industrie de la menthe, en France, n'est pas nouvelle; nous ne reprendrons pas ici son historique et sa localisation aisées à trouver dans maints ouvrages (1). L'on faisait et l'on distille encore aujourd'hui une menthe de la variété *Piperita* nommée « menthe de pays » qui produit une essence à odeur spéciale dont le type serait fixé, au dire de certains, mais dont les analyses donnent des résultats contradictoires avec des écarts invraisemblables dans le même type. Nous avons cru nécessaire de grouper dans le tableau n° 1 ces analyses de différents auteurs. L'on voit par un examen rapide des différentes colonnes que les dosages

1. Rolet (A.) : *Plantes à parfum et plantes aromatiques*. Paris, 1918, J.-B. Baillière et fils, édit.; Roze : *la Menthe poivrée* ; Piesse : *Chimie des parfums* ; Charabot et Gatin : *Le parfum dans la plante*; Otto : *L'industrie des parfums* ; Durveille : *Les essences aromatiques*; Gildemeister et Hoffman : *Die Ätherischen Öle*. Miltitz, près Leipzig, 1916, etc.

des teneurs en éther, menthol total, etc., sont infiniment variables; mais d'autre part, chose bien plus grave, les constances physiques font des écarts immenses comme de — 5,20 à — 35,18 pour le pouvoir rotatoire. Devant ces faits, il est permis de supposer que ces analyses ne se rapportent pas à la même variété de plantes, car l'on

TABLEAU

AUTEUR	ÉTHER °/°	MENTHOL total °/°	MENTHOL libre °/°
1° *Analyses de l'essence française provenant de* Mentha			
Bulletin de la maison ROURE et BERTRAND, octobre 1911	6,7	58	52,8
Bulletin de la maison ROURE et BERTRAND, octobre 1911	6,2	60	55,1
Bulletin SCHIMMEL, avril 1907	»	43,75	»
Bulletin SCHIMMEL, avril 1907	»	50,82	»
Bulletin SCHIMMEL, avril 1907	»	62,96	»
CHARABOT. *B. S. Ch.*, **19**, 117, 1898	9,5	46	39,4
CHARABOT. *B. S. Ch.*, **19**, 117, 1898	10	43,7	35,7
2° *Oscillations que peut présenter l'essence*			
GILDEMEISTER et HOFFMANN, 1919	4 à 21	45 à 70	»
OTTO, 1924	»	»	»
PARRY, 1921	»	48 à 70	»
MASSERA	7 à 14	35 à 39	»
3° *Oscillations des essences Américaines, Italiennes, Anglaises*			
Américaines. GILDEMEISTER	5 à 9	48 à 63	»
Anglaises. GILDEMEISTER	13 à 21	48,5 à 68	»
PARRISS	»	60 à 70	»
Type anglais (UMNEY	3 à 7	»	59,4
Italienne (MASSERA)	»	42 à 60	»
Type Italo-Mitcham	»	58,54	49,5
Essence Franco-Mitcham	3,96 à 11,88	42,28 à 57,67	38,44 à 49,50
Type Franco-Mitcham	6,60	50,80	45,53

sait qu'en général les constantes physiques pour une même variété sont assez peu variables et permettent seules d'identifier le produit avec une précision toute relative. Le tableau n° 2 résume les oscillations que présente l'essence française d'après différents auteurs. Nous constatons là encore qu'ils n'ont rien voulu préciser; sans doute pour obtenir ces moyennes leurs analyses n'ont pas dû être très nombreuses ni répétées pendant quelques années et peut-être un examen botanique de la menthe qui a servi à l'extraction de l'essence aurait été nécessaire ; car si PARRY ou GILDEMEISTER et HOFFMANN, par exemple, accordent à l'essence française des variations importantes du pouvoir rotatoire, pourquoi déterminent-ils bien plus les essences étrangères et leur assignant un cadre aux limites étroites, l'américaine par exemple doit varier seulement de — 18 à — 34, l'anglaise de — 21 à — 33, etc. Nous verrons que sur les 25 échantillons sur lesquels ont porté nos analyses, essences provenant de tous les coins de France, la variation est seulement de — 21 à — 30 ce qui démontre

MENTHOL éthérifié %	MENTHONE	SOLUBILITÉ alcool à 70	DENSITÉ	POUVOIR rotatoire	INDICE et réfraction
piperita, type « Mitcham », suivant différents auteurs.					
»	16,8	»	0,917	— 16,38	»
»	»	»	0,913	— 13,44	»
9,95	»	»	0,924	— 5,20	»
10,32	»	»	0,910	— 17,46	»
20,81	»	»	0,912	— 35,18	»
»	9	»	0,921	— 6,38	»
»	8,8	»	0,918	— 5,54	»
française suivant différents auteurs.					
»	»	»	0,910 à 0,927	— 5 à — 35	1,462 à 1,471
»	»	»	0,900 à 0,920	— 6 à — 10	»
6 à 20	»	»	0,910 à 0,930	— 5 à — 35	1,4690 à 1,4710
»	8 à 12	»	»	»	»
(Plant Mitcham) et de l'essence Franco-Mitcham.					
»	9 à 16	2 à 5	0,900 à 0,915	— 18 à — 34	1,460 à 1,463
»	9 à 12	2 à 3,5	0,901 à 0,912	— 21 à — 33	1,460 à 1,463
»	»	3 à 4	0,900 à 0,912	— 23 à — 32	1,460 à 1,464
»	11,3	2,8	0,9036	— 23,5	»
3 à 7	»	3	0,897 à 0,910	— 18 à — 12	»
9,04	15,1	2,8	0,916	— 23,20	1,4660
3,12 à 8,32	13,91 à 27,83	2,5 à 3,6	0,900 à 0,910	— 21 à — 30	1,4632 à 1.4680
5,20	18,24	2,80	0,906	— 27	1,4662

suffisamment, sans insister, que cette essence provient bien du même type qui s'est conservé malgré les multiplications. La variété semble s'être fixée sans présenter aucune mutation sous l'influence du changement d'habitat. Un mot également ne sera pas superflu sur l'analyse et les oscillations admises par les auteurs déjà cités sur les essences étrangères, et une chose plus intéressante mérite d'être signalée : ces essences étrangères du type comestible proviennent toutes de la variété de Mitcham introduite en Amérique ou en Italie ou en France, après avoir été fixée à Mitcham au siècle dernier par un Français. Ainsi les bonnes essences étrangères rivalisant avec la française sont du type hybride Americano ou Italo-Mitcham. Naturellement, cette menthe dans ces différentes contrées a évolué et atteint un type particulier éloigné surtout par l'odeur du type originel. Il est intéressant de comparer ces évolutions de la même plante et le tableau n° 3 résume les types obtenus et leurs oscillations. La dernière ligne est occupée par l'analyse de notre Franco-Mitcham bien jeune encore dans son adaptation. Il est à noter que les constantes physiques sont assez sensiblement les mêmes et que les variations chimiques portent surtout sur la teneur en menthol où l'Angleterre, par son climat froid, semble posséder le pourcentage maximum. Une étude de la répartition de ces pays sur le globe, suivant leur climat, l'examen de leur latitude, etc., permettrait peut-être de tirer quelques conclusions sur le facteur modificateur, mais il vaut mieux attendre qu'un grand nombre d'analyses soient groupées pour ne pas porter un jugement prématuré à modifier ensuite. Les variations olfactives peuvent se classer ainsi : Après l'essence anglaise au bouquet type viendrait l'essence italienne, puis l'américaine qui n'a rien conservé de l'arome Mitcham. Nous verrons que la Franco-Mitcham est sur le même plan que l'italienne dont peut-être l'essence, fournie par les contrées plus élevées et plus froides, est d'un bouquet plus prononcé que la nôtre.

L'Essence Franco-Mitcham. — Le tableau II groupe nos analyses suivant le lieu et l'année de la récolte ; nous prions le lecteur de les examiner attentivement dans le but d'éviter une comparaison fastidieuse entre tous ces chiffres, teneur moyenne et amplitude de la variation de l'analyse. L'écart sera obtenu en prenant les dosages minimum et maximum. La variation de l'analyse de l'essence Franco-Mitcham fut pendant cinq ans, 3,96 à 11,88 °/₀ en éther, 42,28 à 56,72 en menthol total, 37,18 à 49,50 en menthol libre, 3,12 à 8,32 en menthol éthérifié, 13,91 à 27,83 en menthone, de 2,5 à 3,6 comme solubilité dans l'alcool à 70°, de 0,900 à 0,910 comme densité, de — 21 à — 30 comme pouvoir rotatoire et de 1.46.32 à 1.46.80 comme indice de réfraction.

A première vue, nous pouvons déjà dire que ces oscillations sont intermédiaires entre le type Italo-Mitcham et le type anglais et la teneur moyenne que nous pourrions adopter comme étalon français serait de 6,60 °/₀ en éther, 50,80 en menthol total, 45,53 en menthol libre, 5,20 en menthol éthérifié, 18,24 en menthone, 2,80 comme solubilité dans l'alcool à 70°, 0,906 comme densité, — 27 comme pouvoir rotatoire et 1.46.42 comme indice de réfraction type examen de ces chiffres. Il semble devant ce résultat que soit atteint le but que se proposait mon maître M. le professeur Daniel, lors du Congrès des plantes médicinales de 1922. Ce but était l'obtention et la fixation d'un type *Standard* d'essence de menthe; cinq années

Pl. IV.

Sarclage des champs de Menthe, à Saint-Sulpice-s.-Lèze (Haute-Garonne).

Cultures de Menthe, à Dun-s.-Auron (Cher).

d'expériences menées, d'après ses conseils, avec la continuité qu'il désirait, permettent de présenter sur le marché français et sur le marché mondial sans crainte de la concurrence étrangère une essence qui atteindra vite le cours auquel elle a droit par sa finesse et sa puissance. Il est logique d'espérer que peut-être, par un juste retour des choses d'ici-bas, elle prendra la première place que son arome et sa pureté lui maintiendront, rang qu'elle occupait il y a cinquante ans d'après Piesse dans son *Traité des odeurs et des parfums*, édition 1877 : disant qu'en Angleterre on se servait plus de menthe pour les eaux de bouche qu'en France, il ajoute : « en effet la belle menthe y est plus rare que chez nous et par une loi de la nature humaine qui veut que l'on recherche toujours ce qui est le plus difficile à obtenir, les habitants du Continent en font plus de cas que nous ».

Variation de l'odeur. — L'essence de menthe ne se vend pas comme l'essence de lavande et autres d'après sa composition chimique, sa teneur en acétate de menthyle pour cent. L'acheteur détermine la valeur uniquement à l'odorat, après en avoir imbibé un petit morceau de papier où il la laisse s'évaporer pour lui permettre d'apprécier la pureté de l'odeur. Qu'elle tienne 70 °/ₒ en menthol ou 40 °/ₒ son prix sera le même si le bouquet est plaisant et « Mitcham ». Mais malheureusement, comme je le disais déjà, il est trop facile de « bouqueter » une essence quelconque à peu de frais, de maquiller, si j'ose dire, une moyenne ou mauvaise et c'est sur ce point qu'une réglementation sévère serait utile au producteur d'essence pure qui serait autorisé à munir ses produits d'un certificat ou cachet de garantie comme cela se fait pour le cognac ou les armagnacs de grande valeur produits par un terrain localisé. Ces procédés seuls réduiront l'emploi des essences étrangères comme les japonaises démentholisées et autres, ou américaines dont les prix d'avant guerre rendaient impossible toute production importante française.

L'arome des essences provenant des différents centres de culture français n'a pas le même type « Mitcham ». Il leur manquerait ce principe huileux, gras, qui fixe le bouquet Mitcham. Il semble s'être conservé d'une manière assez intense et toute particulière à Rennes, à Courances, à Ailly-sur-Somme ; l'essence de Falaise est aussi fort intéressante, les autres sont plus intermédiaires, plus « Italo-Mitcham », plus neutres, plus volatiles, mais infiniment plus mordantes, plus piquantes au goût que la pure anglaise. Il semble que l'on doive attribuer ces changements d'odeur bien plus au climat de ces différentes régions qu'à tout autre facteur local. Je dois conclure en toute conscience que l'arome le plus suavement Mitcham, ce qui ne veut pas dire qu'il soit le meilleur, sera obtenu le plus certainement dans les climats où l'air est toujours relativement humide, sans

Tableau II. — **Analyses d'essences françaises de *Mentha piperita*, type Mitcham** (distillation en sec).

LIEU DE LA RÉCOLTE ET ANNÉE	RENDEMENT °/₀₀	DENSITÉ à 15°	POUVOIR ROTATOIRE à 15°	INDICE DE RÉFRACTION à 15°	SOLUBILITÉ ALCOOL à 70°	INDICE d'éthérification avant acétylation	INDICE d'éthérification après acétylation	TENEUR °/₀ MOYENNE EN			
								Ether	Menthol éthérifié	Menthol libre	Menthol total
Chartres-Rennes (Ille-et-Vilaine) :											
1922	2,3	0,901	— 25	1,4659	3,4	33,60	160,53	11,43	8,84	34,07	47,91
1923	0,95	0,902	— 23	1,4652	3,6	11,20	156,80	3,96	3,14	45,53	48,64
1924	3,55	0,908	— 27	1,4655	2,9	16,80	153,07	5,94	4,74	42,28	47,02
1925	2,22	»	— 26	1,4650	»	11,20	136,21	3,96	3,12	38,44	41,56
Jardin du Laboratoire Rennes (Ille-et-Vilaine) :											
1922	2,5	0,980	— 27	1,4657	4,12	13,07	141,87	4,62	3,64	39,71	43,34
1923	1,45	0,904	— 24	1,4660	3,5	19	171,73	6,90	5,37	48,17	54,54
1925	2,50	»	— 22	1,4676	»	20,53	153,07	7,26	5,72	40,99	46,61
Saint-Sulpice-sur-Lèze (Haute-Garonne) :											
1923	5,32	0,900	— 21	1,4652	3,3	15	160,59	4,66	3,70	45,53	49,23
1924	4,11	0,907	— 24	1,4643	2,65	22,40	164,27	7,92	6,35	44,22	50,57
1925	2,9	0,904	— 30	1,4686	3,7	26,13	147,47	9,24	7,28	37,18	44,46
1924, octobre (regain)	1,6	0,908	— 21	1,4640	2,7	52,27	174	18,48	14,56	37,18	51,74
1924 (vert)	4,25	0,903	— 22	1,4640	2,6	20,53	156	7,26	5,81	42,28	48,09
Ribécourt (Oise) :											
1223	5,5	0,900	»	1,4659	3,5	16,80	173,60	5,94	4,68	49,50	54,18
1925	»	»	— 28,50	1,4670	»	26,13	158,67	9,24	7,28	40,99	48,27
Ailly-sur-Somme (Somme) :											
1924	3,53	0,913	— 28	1,4636	2,7	37,33	190,48	10,56	8,51	48,21	56,72
1925	2,80	»	— 29,2	1,4636	»	24,27	156,80	8,58	6,76	40,99	47,75
1925, octobre (regain)	1,66	»	— 29,2	1,4632	»	26,13	168	9,24	7,28	44,22	51,40

Riom (Puy-de-Dôme) :											
1924	3,42	0,909	— 23	1,4650	2,75	20,53	158,66	7,26	5,83	42,93	48,76
1925	3,06	»	— 25	1,4665	»	22,40	163,13	7,92	6,24	44,87	51,11
Montbrison (Creuse) :											
1924	3,90	0,910	— 27	1,4655	2,80	26,13	164,26	9,24	7,43	42,93	50,36
1925	2,66	»	— 24	1,4672	»	14,93	158,07	5,28	4,16	42,93	47,09
Courances (Seine-et-Oise) :											
1924	3,42	0,906	— 27	1,4662	2,80	18,67	164,17	6,60	5,27	45,53	50,80
1925	2,89	»	— 29	1,4642	»	18,60	164	6,60	5,20	45,53	50,73
Dun-sur-Auron (Cher) :											
1924	3,46	0,905	— 27	1,4630	2,5	20,53	153,16	7,26	5,83	40,99	46,82
La Calotterie (Pas-de-Calais) :											
1924	3,26	0,904	— 24	1,4640	2,6	13,07	149,34	4,62	3,68	42,03	45,71
Soulans (Vendée) :											
1925	4,70	»	— 24	1,4635	3,3	22,40	149,33	7,92	6,24	37,81	44,05
Angers (Maine-et-Loire) :											
1925	2	»	— 26,6	1,4642	»	33,60	179,20	11,88	9,36	45,53	54,89
Falaise (Calvados) :											
1925	2	0,912	— 21	1,4679	2,9	28	164,27	9,90	7,80	42,28	50,08
Grasse (Alpes-Maritimes) :											
1925	4,66	»	— 25	1,4668	»	22,40	149,33	7,92	6,24	39,07	45,31

excès d'eau avec des températures hivernales assez rigoureuses. Il faut, d'autre part, que la plante aussitôt née puisse pousser normalement, plutôt lentement sans arrêts de végétation dus à des sécheresses brutales de l'air ambiant. Les essences de menthe du Midi et les plantes poussées sous un climat exactement continental n'ont jamais la finesse ni surtout l'arome huileux de l'essence anglaise. Le même fait s'observe en Italie où l'essence de la région de Vallecrosia (bord de mer) est moins fine que celle de Pancalieri (Turin), station située à une altitude plus élevée, soumise à un climat plus froid en hiver, mais où les fortes chaleurs de l'été sont compensées par une irrigation abondante et rationnelle.

Variation du rendement en essence. — La question du rendement en essence annexe des facteurs culturaux est primordiale et, dans un tableau d'observations, il semble que ce chiffre soit le premier qui mérite d'être mentionné ; c'est lui qui, au point de vue industriel, permettra à une affaire de prospérer et, par la connaissance des facteurs de sa variation, d'augmenter les bénéfices sans accroissement des frais de distillation. En effet, traiter 400 kg de plantes pour en extraire 1 kg d'essence est plus coûteux que d'en manipuler 200 kg pour obtenir le même résultat. Des variations de cet ordre ont été observées fréquemment, et quelle ne fut pas la désillusion du distillateur qui vit son prix de revient du kilogramme d'essence doubler par ce fait. Ainsi, à Saint-Sulpice-sur-Lèze, en première année de culture, en 1923, il fut de 5,5 ‰, en 1925 de 2,9 seulement. Ailleurs il ne varia pas si intensivement, mais de sensibles fluctuations purent être enregistrées au cours des années. Malgré le petit nombre d'éléments que nous avons pour analyser le phénomène, nous essaierons quand même de dégager ces causes générales. En Italie, ainsi que le montre le travail du Dr Paolo Rovesti [1], le rendement dans la même année passa de 2,3 pour des cultures du Piémont à 3,3 pour des cultures situées à Vallecrosia, près du bord de la mer. Nous pouvons conclure à l'influence du climat plus chaud de Vallecrosia, influence déjà constatée pour d'autres essences. Nous pouvons également, en France, émettre la même hypothèse, car l'on sait depuis fort longtemps que la menthe des Alpes-Maritimes est plus riche en essence que celle du Nord, et au dire de quelques vieux cultivateurs du Midi, de la Haute-Garonne en particulier, où elle est cultivée depuis trente ans, leur plant bien fixé par des années de culture soignée avec la même technique d'engrais nitratés, donne toujours un rendement de 4 ‰ environ. Un fait est à signaler encore : pendant l'année 1923, à Rennes, le *Black-mint* donna du 1,45 ‰ alors que le plan issu de Rennes, mais ayant

1. *Profumi italici*, San Remo, 1925, 20 juillet, p. 177.

Culture irriguée de Menthe, à Meynes (Gard).

Distillation de la Menthe, à Ribécourt (Société De Ricqlès).

poussé à Saint-Sulpice-sur Lèze, donnait à sa première année d'adaptation dans ce milieu 5,32 °/₀₀, l'année d'après le rendement décroissait et tombait à 4,11 °/₀₀ en 1925 et descendait en 1925 à 2,9 °/₀₀. Devons-nous voir là un affolement végétatif de première année, puis un retour aux caractères ancestraux comme à Mitcham où elle ne donne pas 2 °/₀₀ en moyenne? Diverses hypothèses sont permises. Mais je dois dire que, pendant l'année 1923, la menthe de Saint-Sulpice fut traitée par d'abondants épandages de nitrate de soude, jamais renouvelés par la suite mais remplacés par le sulfate d'ammoniaque qui n'a jamais les mêmes effets si puissants comme coup de fouet végétatif; pourtant cela seul ne suffit pas à expliquer le phénomène, car en 1923, également dans l'Oise, un rendement de 5,5 fut obtenu par une culture très soignée abondamment fumée. Il faut ajouter encore ici l'expérience de cette année (déficiente comme rendement en général) de M. Four, pharmacien à Soullans, qui sur « terre bien fumée et nitratée » obtint du 4,7 °/₀₀. Une conclusion réelle, satisfaisante, est difficile à déduire ; cependant, en l'année 1925, un rendement élevé de 4,66 fut obtenu à Grasse en excellente terre de jardin sans fumure nitratée, alors que partout ailleurs il oscilla autour de 3 °/₀₀. L'année climatérique 1924-1925 fut mauvaise en général et une influence prépondérante doit être accordée à la latitude agissant surtout sous forme de chaleur solaire. Car en résumé, en Angleterre, des rendements de 2,5 °/₀₀ sont les meilleurs alors que chez nous ils sont faibles ; tandis qu'en Italie, dans le Sud du Piémont, la moyenne est de 3,45 environ, notable accroissement sur le rendement français.

Pour l'influence du mode de culture et l'action des engrais, je renverrai le lecteur au travail de MM. Autran et Fondard, ajoutant que seul le nitrate de soude à des doses de 200 à 300 kg à l'hectare jeté au printemps nous a toujours donné de bons résultats. Dans ce sens, des expériences sont encore à faire et il est à souhaiter que les années à venir nous apportent la solution quelquefois angoissante de ce problème du rendement en essence. En France, il est certain que quand la teneur oscille autour de 2,5 °/₀₀ il n'y a pas lieu d'être inquiet, car n'oublions pas que la menthe anglaise, mère de la « Franco-Mitcham », n'a jamais donné plus de 2 °/₀₀ et les industriels anglais ont toujours fait d'importants bénéfices. A Mitcham, quand la teneur croît, ce qui est rare, au-dessus de 2,5 °/₀₀, l'essence présente moins de finesse, et, peut-être, rendement et arome sont des facteurs incompatibles.

La formation dans la cellule végétale de l'essence de parfaite qualité, sa genèse, pour ainsi dire, est liée à des questions d'équilibre, les quantités de certains éléments servant à former l'essence ne doivent pas être trop abondants, car l'énergie catalytique ou autre servant à leur combinaison ne peut peut-être pas agir sur des masses trop importantes? Les deux criteriums de grand rendement et fine qualité sont peut-être irréalisables parallèlement, et dans la plante la portion aromatique, les éthers donnant le bouquet à l'essence sont sans doute en quantité constante, invariable, et leur arome est dilué, caché, altéré par les sécrétions trop abondantes en menthol, etc. Les questions de parfums sont liées intimement aux phénomènes d'équilibre physico-chimiques. Les études radio-actives des principes odorants montreront peut-être la raison de ces variations aromatiques. J'ai constaté cette année qu'à Saint-Sulpice-sur-Lèze l'essence était bien plus fine, bien plus « Mitcham » que les autres années où le rendement était plus élevé. Ces idées, ces mots mal juxtaposés ne suffisent pas encore pour conclure scientifiquement, mais essaient d'indiquer la marche que l'on pourrait suivre dans ces recherches. Je me propose également de continuer mes études sur les modifications de l'odeur sous l'influence d'agents spéciaux : ozone et rayons ultra-violets qui, en quelques heures, arrivent à transformer dans certaines conditions l'analyse chimique et la *stabilité du parfum.*

Nous avons seulement jeté quelques points de repère précis, nécessaires pour éviter au débutant dans la culture de la menthe de décourageantes erreurs. Nous réservons pour un travail d'ensemble l'examen des variations de la teneur en principes constitutifs de l'essence de menthe Franco-Mitcham et préciserons l'influence du mode de culture, engrais, etc..., sur l'analyse de l'essence, son odeur et sur la physiologie de la plante.

Je terminerai cette courte notice en remerciant ici l'*Office national des Matières premières pour la Droguerie* qui a bien voulu, cette année encore, encourager mes travaux et qui, par le don d'un puissant microscope, m'a permis d'entreprendre des recherches microchimiques sur la physiologie de l'essence dans les cellules épidermiques foliaires, sa sécrétion et sa digestion sous l'influence de solutions salines diverses modifiant le pouvoir aromatique, régissant directement la concentration, l'acidité du milieu, c'est-à-dire l'éthérification et la saponification des alcools et éthers.

Je crois qu'il n'est pas prématuré de dire dès aujourd'hui que, grâce au *Comité interministériel des plantes médicinales et des plantes à essences*, la question de la culture de la menthe *Mitcham*, en France, semble résolue. De tous côtés m'arrivent des demandes de renseignements techniques quant aux appareils de distillation à établir, du mode de culture, et d'ici un an quatre gros centres de distillation seront créés qui traiteront environ 50 hectares de menthe *Franco-Mitcham.*

La culture de cette variété si recherchée de menthe poivrée s'élèvera alors avec les centres fonctionnant déjà à près de 200 hectares.

TABLE DES MATIÈRES

29236. — L. Maretheux, imp., 1, rue Cassette, Paris. — 1926.

MEMBRES ADHÉRENTS (*suite*).

Fournier et Cie : 18, rue de Jouvence, Dijon.
Gignoux frères et Barbezat : à Décines, près Lyon (Isère).
Gouvernement général de l'A. E. F.
Etablissements Goy : 23, rue Beautreillis, Paris.
Guerlain : 68, avenue des Champs-Elysées, Paris.
Hourquet : 1, place Voltaire, Paris.
Etablissements Jacquemaire : à Villefranche (Rhône).
Etablissements Justin Dupont : à Argenteuil (Seine-et-Oise).
H.-G. Klotz : 18, place Vendôme, Paris.
Laboratoire Galbrun : 8, rue du Petit-Musc, Paris.
Laboratoire biologique de Melun : à Dammarie-les-Lys, près Melun (Seine-et-Marne).
Laboratoire du Dr Gustin : 74, rue Championnet, Paris.
Laboratoire A. Lumière, 9, cours de la Liberté, Lyon.
Lafon : 150, boulevard de la Gare, Casablanca (Maroc).
Landrin : 20, rue de la Rochefoucauld, Paris.
Lauriat : 104, boulevard de Courcelles, Paris.
Leconte et Wollacker : 3, rue du Lycée, Le Havre.
Legoux frères et Cie : 10, rue de Turenne, Paris.
Lematte : 5, rue Ballu, Paris.
Lemée : 62, rue de la Réunion, Paris.
P. Longuet : 34, rue Sedaine, Paris.
Mariani : 12, rue de Chartres, à Neuilly (Seine).
Etablissements Marie-Brizard et Roger, à Bordeaux (Gironde).
Etablissements Mathurin : 98, rue de Charenton, Paris.
J. Merveau et Cie : 71, rue du Temple, Paris.
Michelat, Souillard et Cie : 41, rue des Francs-Bourgeois, Paris.
Midy frères : 4, rue du Colonel-Moll, Paris.
Morin : 10, rue des Fontaines, Milly (Seine-et-Oise).
Petit : 8, rue Favart, Paris.
A. Planche : 2, rue de l'Arrivée, Paris.
Poirson : 13, place du Havre, Paris.
Poizat fils et Cie : 24-30, rue de la Gare, Lyon-Vaise.
A. Puy : rue Saint-Claire, Grenoble.
Quirin : 12, rue Féry, Reims.
Rayssac : 12, rue Périgord, Toulouse (Haute-Garonne).
Simon : 59, faubourg Saint-Martin, Paris.
Société d'Herboristerie des Établissements Blain « Herba », Saint-Rémy de Provence (Bouches-du-Rhône).
Société coopérative « La Flore » : 7 et 9, impasse des Marais, Paris.
Société française des glycérines : 42 *bis*, rue des Mathurins, Paris.
Société « L'Air liquide » : 115, chemin des Pins, Lyon.
Société de la Liqueur Bénédictine : à Fécamp (Seine-Inférieure).
Société lyonnaise de Produits pharmaceutiques : 91, rue Marietton, Lyon-Vaise.
Société Méridionale de Produits chimiques agricoles : 20, rue Grignan, Marseille.
Syndicat des parfumeurs distillateurs de Grasse : à Grasse.
Syndicat général des cuirs et peaux : 64, rue de Bondy, Paris.
Syndicat des Pharmaciens d'Asnières et de la banlieue Ouest : 15, boulevard Voltaire, Asnières (Seine).
Syndicat des Pharmaciens du Nord : 2, rue de Paris, Douai (Nord).
P. Thibaud et Cie : 22, rue de Marignan, Paris.
Thiercelin et Violet : à Pithiviers-en-Gâtinais (Loiret).
Usines chimiques du Pecq : 11, rue Beautreillis, Paris.
Villeneuve : 11, rue des Blancs-Manteaux, Paris.
Vilmorin-Andrieux et Cie : 4, quai de la Mégisserie, Paris.
Weil : 11, rue Saint-Dominique, Paris.
Zundel et Kohler : 21, rue Mercière, Mulhouse.

Voir début de cette liste à la 1re page.

COMITÉ INTERMINISTÉRIEL DES PLANTES MÉDICINALES

constitué auprès du Ministère du Commerce par décrets des 3 et 20 avril 1918 et 27 juin 1924.

Membres d'honneur.

MM.

Guignard, membre de l'Institut, doyen honoraire de la Faculté de Pharmacie de Paris.

Costantin, membre de l'Institut, professeur au Muséum d'histoire naturelle.

Pascalis, président honoraire de la Chambre de Commerce de Paris.

Duchemin, président de l'Union des industries chimiques.

Président.

M. Perrot (Em.), Professeur à la Faculté de Pharmacie de Paris.

Vice-présidents.

MM.

Bertrand (Gabriel), membre de l'Institut, Professeur à la Faculté des Sciences.

Darrasse (Léon), Président du Syndicat général de la droguerie française.

Capus, ancien directeur de l'Agriculture en Indochine, conseiller technique de l'Agence générale des colonies.

Secrétaire général.

M. Elbel, Directeur du Comité d'action économique et douanière.

Secrétaire général adjoint.

M. G. Blaque, Secrétaire général de l'Office national des Matières premières.

Membres.

MM.

Le Directeur des Affaires commerciales et industrielles au Ministère du Commerce.

Le Directeur de l'Agriculture au Ministère de l'Agriculture.

Le Directeur général des Eaux et Forêts au Ministère de l'Agriculture.

Le Directeur des Services scientifiques et de la Répression des fraudes au Ministère de l'Agriculture.

Le Directeur des Affaires économiques au Ministère des Colonies.

Le Directeur de l'Enseignement primaire au Ministère de l'Instruction publique.

Le Directeur de l'Institut Pasteur.

Le Doyen de la Faculté de Pharmacie de Paris.

Le Professeur de Matière médicale et de Pharmacologie de la Faculté de Médecine de Paris.

Le Pharmacien inspecteur de l'Armée au Ministère de la Guerre.

Le Pharmacien principal des troupes coloniales au Ministère des Colonies.

Achalme, Directeur du Laboratoire colonial au Muséum d'histoire naturelle.

Alland, Droguiste, Importateur à Paris.

Baube, Président du Syndicat des huiles essentielles.

Bienaimé, Président du Syndicat de la parfumerie française.

Bois, Professeur au Muséum d'histoire naturelle.

MM.

Boulanger (Emile), Fabricant de produits pharmaceutiques, cultivateur de plantes médicinales.

Buchet, Directeur de la Pharmacie centrale de France.

Caron, Secrétaire général de la Société nationale des Conférences populaires.

Charabot, Inspecteur de l'enseignement technique, Fabricant d'huiles essentielles, à Grasse.

Charles, Pharmacien à Saint-Nazaire.

Charrière, Ingénieur agronome, Ingénieur des chemins de fer de l'Etat.

Chevalier (Auguste), Chef de la Mission permanente d'Agriculture coloniale au Ministère des Colonies.

Chevalier (J.), Ancien chef de laboratoire à la Faculté de Médecine de Paris.

David-Rabot, Fabricant de produits pharmaceutiques, à Courbevoie (Seine).

Fabius de Champville, Directeur du journal l'*Herboristerie française*.

Fauchère, ancien directeur d'Agriculture aux colonies.

Fayolle, Directeur du Laboratoire central d'études et d'analyses des produits médicamenteux et hygiéniques, Faculté de Pharmacie, Paris.

Fermé, Droguiste, importateur, à Paris.

Fourton, Pharmacien droguiste, à Clermont-Ferrand.

Fron, Professeur à l'Institut national agronomique.

Goris, Professeur à la Faculté de Pharmacie de Paris.

Guérin, Professeur à l'Institut national agronomique.

Guigue, Droguiste, à Paris.

Javillier, Directeur du Laboratoire des recherches agronomiques, à Paris.

Juillet, Professeur à la Faculté de Pharmacie de Montpellier.

Jumelle, Professeur à la Faculté des Sciences de Marseille, Correspondant de l'Institut.

Laurier, ancien Président de l'Association générale des herboristes de France.

Martin (H.), Président honoraire de l'Association générale des Syndicats pharmaceutiques.

Moreau-Defarge, Président du Conseil d'administration de la Coopération pharmaceutique de Melun.

Nuss, Ingénieur agronome, Rédacteur en chef de l'*Agriculture nouvelle*.

Poher, Directeur des services commerciaux à la Compagnie P.-O.

Poirault, Directeur du Jardin d'introduction d'Antibes.

De Poumeyrol, Herboristerie en gros, à Lyon.

Raybaud, Inspecteur principal adjoint à la Compagnie P.-L.-M.

De Ricqlès, Distillateur et Fabricant d'huiles essentielles, à Saint-Ouen (Seine).

Ripert, Droguiste, à Marseille.

Roché, Directeur des Etablissements Poulenc, Vice-président de l'Union des industries chimiques.

Sossler, Droguiste, à Paris.

Thiriet, Droguiste, à Nancy.

J. de Vilmorin, Membre de l'Académie d'agriculture.

29238. — L. Maretheux, imprimeur, 1, rue Cassette, Paris. — 1926

PUBLICATIONS DES COMITÉS RÉGIONAUX DES PLANTES MÉDICINALES ET A ESSENCES
SUBVENTIONNÉES PAR L'OFFICE

FRANCS

1° *Les Plantes médicinales de la région Mayenne-Sarthe*, par MM. E. LABBÉ et A. GENTIL . . . . 2 »
2° *Notice sur la Récolte et la Culture des Plantes médicinales et à Essences en Provence* (Comité de Marseille) . . . . (*épuisé*)
3° *Les Plantes médicinales de Tunisie*, par MM. le Dr CUENOD, L. GUILLOCHON et L. LUCIANI . . . . 5 »
4° *Les Plantes médicinales dans le département de l'Aveyron*, par MM. BENEZECH et C. TOULOUSE . . . . (*épuisé*)
5° *Notice sur les Plantes médicinales et à essences de l'Hérault*, par MM. A. JUILLET et J. RODIE . . . . (*épuisé*)
6° *Les Plantes médicinales dans le département de l'Aude*, par MM. MARTY et L. SARCOS . . . . (*épuisé*)
7° *Les Plantes médicinales dans le département du Gard* . . . . (*épuisé*)
8° *Les Plantes thérapeutiques du Puy-de-Dôme*, par MM. HUGUET et PERRIN. 2 »
9° *Les Plantes médicinales des Pyrénées-Orientales*, par M. A. JUILLET. (*épuisé*)
10° *Les principales Plantes médicinales du Massif central*, par MM. HUGUET, PERRIN et GARNAUD 2 50
11° *Les Plantes médicinales en Alsace-Lorraine*, par M. P. LAVIALLE 2 50
12° *Les Plantes médicinales des Hautes-Alpes* . . . . (*épuisé*)
13° *Le Comité départemental de l'Aveyron aux ramasseurs de Plantes médicinales sauvages* . . . . 1 »
14° *La Culture du Pyrèthre de Dalmatie*, par MM. A. JUILLET et P. ROUCHER. (*épuisé*)
15° *Aux récolteurs des Plantes médicinales*, par le Sous-Comité départemental d'Eure-et-Loir . . . . 1 »
16° *Les Plantes médicinales de Bretagne*, par M. L. DANIEL . . . . 1 »
17° *Répertoire des Plantes médicinales de l'Afrique du Nord*, par le Comité régional d'Algérie . . . . 5 »

AUTRES TRAVAUX

publiés sous les auspices de l'Office et du Comité interministériel.

1° *Le Comité interministériel des Plantes médicinales et des Plantes à essences : son histoire, son but, ses moyens d'action* . . . . (*épuisé*)
2° *Catalogue méthodique des Plantes officinales et des Drogues médicamenteuses*, dressé d'après les éditions de la *Pharmacopée française*, par MM. L. BRUNTZ et M. JALOUX . . . . 5 »
3° *Premier Congrès national de la Culture des Plantes médicinales*, tenu à Angers, le 23 juillet 1919, par MM. ELBEL et POHER . . . . (*épuisé*)
4° *Rapport sur la culture des arbres à Quinquina*, par M. PHILIPPE . . . . 5 »
5° *Le Pyrèthre : culture, récolte, préparation*, par MM. A. JUILLET et CH. PASQUET . . . . (*épuisé*)
6° *Culture de la Marjolaine dans la région sfaxienne*, par M. P. LUCIANI (extrait du *Bulletin des Sciences pharmacologiques*) . . . . 1 »
7° *Le Rôle du Personnel enseignant dans la récolte des Plantes médicinales sauvages*, par M. TOULOUSE . . . . 2 »
8° *Le Savon-Pyrèthre*, par MM. JUILLET, GALAVIELLE et ANGELIN . . . . . (*épuisé*)
9° *Pyrèthre insecticide*, par MM. le Dr PH. BRETIN et CL. ABRIAL . . . . . (*épuisé*)
10° *Deuxième Congrès national de la Culture des Plantes médicinales*, tenu à Bourges, le 18 juin 1922, par MM. BLAQUE et POHER . . . . . . (*épuisé*)
11° « *Nos Plantes médicinales de France* » (fiches en couleurs comprenant quatre séries de chacune 8 fiches). Prix de la série 1 25
12° *Compte rendu du troisième Congrès national de la Culture des Plantes médicinales*, tenu à Lille, les 17-21 juillet 1923, par MM. G. BLAQUE et F. MORVILLEZ . . . . 10 »
13° *Faisons des Plantes médicinales*, par M. BERTIN . . . . 1 »
14° *Compte rendu du quatrième Congrès national de la culture des Plantes médicinales* (30 mai-7 juin 1924), par M. G. BLAQUE . . . . 10 »
15° *Compte rendu du cinquième Congrès national de la culture des plantes médicinales* (17-22 juillet 1925), par M. G. BLAQUE . . . . 10 »

PUBLICATIONS DE L'OFFICE NATIONAL DES MATIÈRES PREMIÈRES VÉGÉTALES

pour la Droguerie, la Distillerie, la Pharmacie et la Parfumerie.

		FRANCS
NOTICE N° 1.	— ***La Lavande***, par M. H. HUMBERT	2 50
— N° 2.	— ***L'Hydrastis canadensis*** L., par M. ÉM. PERROT et Mme V. GATIN	2 50
— N° 3.	— ***Sur la Culture de la Rose et du Jasmin et de quelques autres plantes à essences dans le Midi de la France***, par MM. DANIEL et MEUNISSIER	(*épuisé*)
— N° 4.	— ***Le Camphrier et ses produits***, par M. ÉM. PERROT et Mme V. GATIN	5 »
— N° 5.	— ***La Gomme arabique, le Séné et quelques autres produits végétaux du Soudan anglo-égyptien*** (Rapport de la Mission PERROT-ALLAND, février-mars 1920). Un fascicule de 72 pages avec carte et 16 planches hors texte	(*épuisé*)
— N° 6.	— ***Les efforts de l'étranger pour la production des drogues végétales indigènes ou cultivées***, par MM. ÉM. PERROT et G. BLAQUE	4 »
— N° 7.	— ***Une Mission d'études sur la Lavande et son industrie dans le Sud-Est de la France*** suivi d'un Rapport sur ***La Lavande, l'Aspic et leurs hybrides***, par M. H. HUMBERT	8 »
— N° 8.	— ***Matière médicale indigène de l'Afrique du Nord***, par M. J. BOUQUET	(*épuisé*)
— N° 9.	— ***Compte rendu de la Commission d'études de la Lavande***, réunie au Ministère du Commerce le 11 mai 1921	(*épuisé*)
— N° 10.	— ***Sur les productions végétales du Maroc, la constitution du sol marocain et les influences climatologiques***, par MM. EM. PERROT et L. GENTIL	25 »
— N° 11.	— ***Les Menthes cultivées***	(*épuisé*)
— N° 12.	— ***Sur la variation et le rôle des alcaloïdes de la Belladone***, par M. J. RIPERT	10 »
— N° 13.	— ***Les Plantes à Thymol***, par M. G. BLAQUE	10 »
— N° 14.	— ***Le Thé***, par M. EM. PERROT	6 »
— N° 15.	— ***Sur la production des Plantes médicinales et des Plantes aromatiques en Afrique du Nord***, par M. EM. PERROT	2 50
— N° 16.	— ***Le Pyrèthre insecticide de Dalmatie***, par M. A. JUILLET	12 »
— N° 17.	— ***Sur la culture, en France, du Black-Mint de Mitcham***, par M. J. RIPERT	3 »
— N° 18.	— ***La Culture des Plantes à parfum dans le Midi de la France***, par M. R. CERIGHELLI	5 »
— N° 19.	— ***Essai de culture en Tunisie du Frêne à manne***, par P. LUCIANI	3 »
— N° 20.	— ***Essai de destruction du Pou de corps ou de vêtements par les émulsions savonneuses d'oléo-résine de pyrèthre de Dalmatie***, par A. JUILLET et DIACONO	3 »
— N° 21.	— ***Culture de la Rhubarbe française***, par CL. ABRIAL	3 »

NOS PLANTES MÉDICINALES DE FRANCE

Fiches en couleurs représentant nos principales plantes utiles et comportant, au verso de chacune, une notice pratique sur la plante étudiée : description, récolte, usages, etc.....

Ont déjà été publiées 4 séries de chacune 8 fiches.

Prix : la série, 1 fr. 25.

29228. — L. MARETHEUX, imprimeur, 1, rue Cassette, Paris. — 1926.

www.ingramcontent.com/pod-product-compliance
Lightning Source LLC
LaVergne TN
LVHW012010160826
845678LV00002B/746

9782329667980